Mineralogische Kostbarkeiten aus/in Kärnten

MICHAEL A. GÖTZINGER
(Wien)

RUDOLF HASLER
(Bad Bleiberg)

HELMUT PRASNIK
(Villach/St. Magdalen)

VERLAG johannes heyn

Mit freundlicher Unterstützung

Umschlag außen: Mineralfoto: Wulfenit Bleiberg,
Beschreibung Umschlagbild: Wulfenit Bleiberg,
(Mineralstufe 8 x 6 cm, Sammlung Hasler)

Alle Fotos von Herrn Rudolf Hasler (Bad Bleiberg),
die Mineralstufen stammen überwiegend aus der
Privatsammlung Helmut Prasnik (Villach).
Fotos Seiten 101 bis 103 © Christian Walder Fotografie

Klagenfurt 2017
Druck: Christian Theiss GmbH, A-9431 St. Stefan
Layout: Reinhold Grimschitz, rgrimschitz@A1.net
ISBN 978-3-7084-0597-1

In memoriam
Dr. Gerhard Niedermayr,
unserem Freund und
verdienten Mineralogen
gewidmet.

Vorwort

Kärnten ist reich an Kostbarkeiten, sowohl natürliche, als auch von Menschenhand geschaffene. Erste Zeugen der kulturellen Tätigkeit stammen aus der Jungsteinzeit und noch deutlicher aus der Bronzezeit. Schon diese beiden Begriffe weisen auf die Interessen der damaligen Menschen hin: Es sind Gesteine und mineralische Rohstoffe, die abgebaut und verarbeitet wurden.

Diesen mineralogischen Rohstoffen, die oftmals Kostbarkeiten darstellen, ist dieses Büchlein gewidmet. Seit jeher ist der Mensch auf der Suche nach schönen und teils auch wertvollen Mineralen. Etwa 70 derartige mineralogische Kostbarkeiten aus Kärnten sollen in alphabetischer Reihenfolge vorgestellt werden.

Als mineralogische Grundlage dient die Privatsammlung von Herrn Helmut Prasnik, fotographisch festgehalten von Herrn Rudolf Hasler. Alle Bilder wurden neu angefertigt und wurden in Buchform noch nicht publiziert. Ein Kurztext zu jedem Mineral weist auf die Herkunft und die Bedeutung hin. Ästhetik, Hinweise zu Vorkommen und auch verwendungstechnische Aspekte werden berücksichtigt.

Michael Götzinger

Einleitung

Claudia Dojen, Kustodin für Erdwissenschaften, Landesmuseum für Kärnten, Klagenfurt

Es gibt vermutlich kaum etwas, das nicht gesammelt wird, denn das Bedürfnis zum Sammeln steckt offensichtlich in uns allen. Betrachtet man dieses Phänomen entwicklungsgeschichtlich, so macht es sogar Sinn: Das Sammeln und Jagen war für den frühen Menschen lebensnotwendig und sicherte dem Erfolgreichen Respekt und Anerkennung. Beim Sammeln werden damals wie heute Glückshormone ausgeschüttet, die sowohl den frühen Menschen als auch uns der Sammelleidenschaft erliegen lassen (Frey, 2004).

Die ersten Materialien, die für die Werkzeugherstellung gesammelt wurden, waren Gesteine wie Feuerstein und Obsidian. Aber es waren die Kristalle, Edelsteine und Minerale, die den Menschen faszinierten: Schon Plinius der Ältere beschrieb Kristallsucher aus den Alpen! Und auch heute sind die „Stoansucha" in Kärnten unterwegs und suchen und finden! Jüngst erst wurde das neue Mineral „Fleisstalit" durch den Kärntner Sammler Michael Ottmann entdeckt.

Bergbau in Kärnten

Kärnten war und ist ein Land der Minerale, Erze und des Bergbaus. Viele Orts- und Flurnamen zeugen von Erzvorkommen und deren Verarbeitungsbetrieben wie Goldzechkopf, Silberegg, Eisenkappel, Bleiberg oder Hüttenberg. Der Bergbau ist jedoch schon viel älter, denn der Mensch bedient sich schon seit jeher in der Natur, um Rohstoffe für Werkzeuge und Alltagsgegenstände zu gewinnen. In Kärnten wurden Steinwerkzeuge und Artefakte aus Quarz und Chalcedon bereits vor ca. 40.000 Jahren von

Bleiberg (aus Josef Wagner, Ansichten aus Kärnten 1848)

den Neandertalern an einem Jägerrastplatz in der Griffener Tropfsteinhöhle zurückgelassen. Der moderne Mensch verwendete die Höhle erst in der Nacheiszeit vor ca. 10.000 Jahren. Sie hinterließen Werkzeuge aus Chalcedon, der nachweislich im Hüttenberger Raum abgebaut wurde (Meixner 1960; Gleirscher & Pacher 2005).

Ab dem 7. Jh. vor Christus waren es dann die Bewohner von Frög, die in Bad Bleiberg das Blei für die Herstellung ihrer Bleifiguren gewannen (Neuninger 1992) und später die Kelten, die das Norische Eisen herstellten. In der

Hüttenberg (aus Josef Wagner, Ansichten aus Kärnten 1848)

Architektur der Römer fand Marmor vielfältige Verwendung: Zehn Marmorsteinbrüche konnten durch Thiedig & Wappis (2003) nachgewiesen werden. Das Tauerngold und das Norische Eisen waren bei den Römern berühmt und begehrt. Bis heute ist das Goldwaschen eine beliebte Freizeitbeschäftigung. Hierbei wird die deutlich höhere Dichte des Goldes gegenüber dem Restgestein ausgenutzt, um es in einer Goldwaschpfanne auszuschwemmen.

Im späten Mittelalter machte der Erzreichtum Kärnten zu einem der wohlhabendsten habsburgischen Länder, welches sich in der Architektur historischer Gebäude wiederspiegelt. Ein historisches Zeugnis für den Bergbau in Kärnten finden wir z.B. auf dem Neuen Platz in Klagenfurt. Dort steht – im 16. Jahrhundert aus einem Block gehauen – das Denkmal des berühmten Lindwurms. Gebrochen wurde der Stein sehr wahrscheinlich in dem alten Steinbruch am Fuße des Kreuzbergls, der heute das Kärntner Botanikzentrum, den botanischen Garten und das z.Z. geschlossene Bergbaumuseum beherbergt. Grünschiefer wie der Kreuzberglschiefer waren im 16. Jahrhundert die Bausteine schlechthin. Mit dem Ausbau Klagenfurts ab 1518 wurden sie besonders häufig verwendet, da sie einen schönen Kontrast zu den hellen Marmoren und hellen Putzflächen der Gebäude ergaben (Kieslinger, 1956).

Mitte des 19. Jahrhunderts begann man sich in Kärnten für eine öffentliche Sammlung von interessanten Objekten zu interessieren. Um das kulturelle Erbe im Land zu halten, wurde zunächst 1848 das Naturhistorische Museum im Kuralt'schen Haus eröffnet; 1884 ging daraus das heutige Landesmuseum RUDOLFINUM hervor, das gemeinsam vom Naturwissenschaftlichen Verein für Kärnten und dem Geschichtsverein für Kärnten gegründet wurde.

Minerale und Gesteine aus Kärnten in der Schmuck- und Dekorherstellung

Eine Vielzahl von Mineralen und Gesteinen aus Kärnten werden heute wie früher in der Kunst und für die Herstellung von Schmuck verwendet. Bergkristalle, Granate und Muschelmarmor zogen seit jeher die Menschen in ihren Bann, Bernstein und Gold waren zu allen Zeiten Zeichen von Luxus und Macht und wurden daher schon früh als Schmuck verarbeitet und gehandelt.
In der Antike wurde der Bergkristall sehr geschätzt, da er eine höhere Brillanz und eine bessere Schleifqualität als das damalige Glas hatte. Ausgrabungen am Magdalensberg belegen Gold und Bergkristalle aus den hohen Tauern als Handelsware. Heute zählen Bergkristalle zu den gesuchtesten Sammlerstücken alpiner Minerale. Für Schmuckliebhaber lassen sich durch Facettieren und Cabochonschleifen aus

einem Rohquarz schönste Schmucksteine fertigen. Auch der blaue Chalcedon – ein mikrokristalliner Quarz – findet in diesem Bereich schon seit dem 18. Jahrhundert Verwendung.

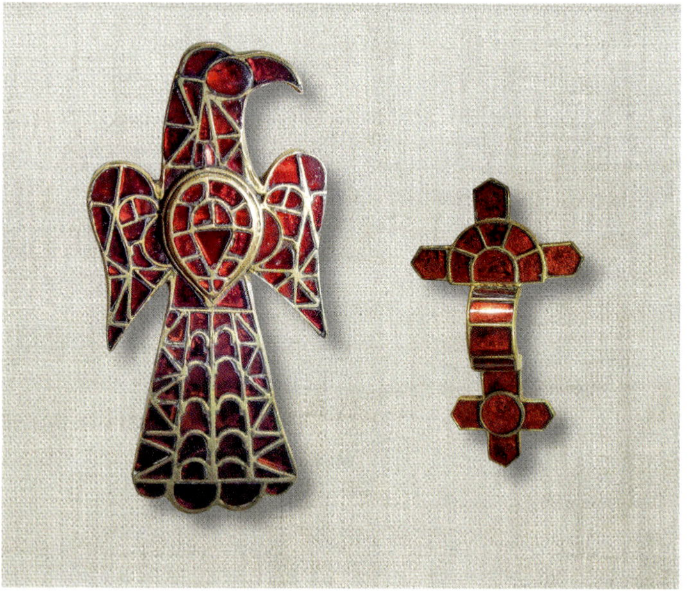

Goldene Fibel mit eingelegten Granaten aus dem Grab eines ostgotischen Adeligen im westpannonischen Raum – Museum Granatium

Granate – auch die „Blutstropfen der Nocke" genannt (Prasch, 1972) – findet man in Kärnten an verschiedensten Stellen. In der Umgebung von Radenthein wurde er sogar bergmännisch abgebaut. Er wurde zu Kärntner Trachtenschmuck verarbeitet und auch als Rohmaterial nach Böhmen geliefert. Von dort gelangte er als verschliffener „Böhmischer Granat“ in den Handel, weil die Farbe ähnlich und die mittelböhmischen Pyrop-Granate sehr klein sind. Eine berühmte Dose aus Granat, die im Naturhistorischen Museum in Wien zu bewundern ist, wurde aus Granaten der Saualpe hergestellt (Niedermayr & Brandstätter, 1997).

Der Bleiberger Muschelmarmor war wegen seines opalisierenden Farbenspiels in goldgrünen und goldroten Farben ein sehr begehrtes Material in der Kunst und Schmuckherstellung und schon zu Zeiten seines Erstfundes berühmt. Leider war deshalb das Abbaugebiet auch schon innerhalb weniger Jahre erschöpft. Berühmt ist das Werk von Franz Xaver von Wulfen, der in seiner Abhandlung zum *kärnthenschen pfauenschweifigen Helmintholith* das Gestein und v.a. seinen Fossilinhalt ausführlich beschrieb (Wulfen, 1793).

Als weitere Schmuck- und Edelsteine aus Kärnten sind Cinnabarit („Zinnober“), Rhodonit und Rhodochrosit, Calcit, Magnesit, Fluorit, Anhydrit, Gips, Kyanit und „Radentheinit“ (ein Granat-Kyanit-Biotit-Gestein), Scheelit, Rutil, Titanit, Epidot oder auch der Ulrichsberger „Mamor“, bei dem es sich um einen Kalksinter und nicht um einen echten Marmor handelt, zu nennen (Niedermayr 1998).

Das Kärntner Naturschutzgesetz

Hingewiesen sei hier auf das Kärntner Naturschutzgesetz (VIII. Abschnitt: Schutz von Mineralien und Fossilien, § 42), nach welchem:

- *Mineralien und Fossilien nicht mutwillig zerstört oder beschädigt werden dürfen.*
- *für das Sammeln mit Handwerkzeugen wie Hammer, Meißel und/oder Strahlstock auf öffentlichem Grund ein von der Bezirksverwaltungsbehörde ausgestellter Mineraliensammelausweis benötigt wird.*
- *das Sammeln in Naturschutzgebieten oder an Naturdenkmalen verboten ist.*
- *die Verwendung von maschinellen Einrichtungen, Sprengmittel o. ä. generell verboten ist.*
- *dass seltene und wissenschaftlich bedeutende Funde der Landesregierung anzuzeigen sind.*

Weitere Details entnehmen Sie bitte dem Naturschutzgesetz. Zudem ist auf Privatgrund natürlich der Eigentümer um Erlaubnis zu fragen.

Quellen:

Frey, D. (2004): Das Sammeln aus psychologischer Perspektive. – https://www.academics.de/wissenschaft/das_sammeln_aus_psychologischer_perspektive_52381.html (Abgerufen am 27.06.2017).

Gleirscher, P., Pacher, M. (2005): Griffen und die Altsteinzeit im Südostalpenraum. – Rudolfinum-Jahrbuch des Landesmuseums für Kärnten 2004: 65-107.

Kieslinger, A. (1956): Die nutzbaren Gesteine Kärntens. – Carinthia II, Sdb. 17, 348 S.

Meixner, H. (1960): Die Herkunft des Rohmaterials der mesolithischen Artefaktfunde aus der Griffener Höhle, Kärnten. Carinthia II, 150/70, I960, H. 2,S. 19 ff

Neuninger, H. (1992): Spektralanalytische Untersuchungen an ur- und frühgeschichtlichen Metallobjekten aus Kärnten und deren Interpretation aus bergbauhistorischer Sicht – Carinthia II 182./102., 467-488, Klagenfurt 1992

Niedermayr, G. (1998): Edel- und Schmucksteine in Kärnten. – Mitt. Öster. Miner. Ges. 143: 469-473; Wien.

Niedermayr, G. & Brandstätter, F. (1997): Die Dose aus Granat von der Saualpe in der Edelsteinsammlung des Naturhistorischen Museums in Wien. – Carinthia II, 187./107, Teil 2: 573-581; Klagenfurt 1997

Prasch, H. (1972): Blutstropfen der Nocke. – Spittal/Drau: Selbstverlag Bezirksheimatmuseum, 80 S.

Thiedig, F. & Wappis, E. (2003): Römisches Bauen aus naturwissenschaftlicher Sicht in der Stadt auf dem Magdalensberg in Kärnten. – Carinthia II 193./113., 33-128, Klagenfurt 2003

Wachtler, M. & Kandutsch, G. (2010): Kärnten, Land der Schätze und Geschichten. – ExtraLapis No. 38: 102 S.; Wien.

Wulfen, X. (1793): Abhandlung vom kärnthenschen pfauenschweifigen Helmintholith oder dem sogenannten opalisierenden Muschelmarmor.- Johann Jakob Palm: 124 S.; Erlangen 1793.

Mineralogie – eine faszinierende und praxisnahe Wissenschaft

Michael A. Götzinger

Die Mineralogie ist die Wissenschaft über Eigenschaften, Entstehung und Vorkommen von Mineralen. Das Wort hat lateinischen Ursprung von „minare“ – untergraben, Bergbau betreiben.

Die erste gezielte Verwendung von Mineralen begann in der Altsteinzeit: Es waren Mineralpigmente (Limonit/Rötel – rotbraun, Kreide – weiß, Manganerze und Graphit bzw. Holzkohle – schwarz; und andere mehr). Man verstand es auch aus „schlechtem“ Limonit durch Erhitzen tief roten Rötel herzustellen. Hornstein, Jaspis und Chalcedon waren die Rohstoffe für die Herstellung von Geräten, Werkzeugen und Waffen. Ab der Jungsteinzeit wurden Ton für die Herstellung von Keramik und Steinsalz für Lebensmittel gewonnen. In den „Metallepochen“ (Chalkolithikum, Bronzezeit und Eisenzeit) waren verschiedene Erzminerale das Ziel der bergbaulichen Interessen.

Einer der ersten, der sich mit Mineralogie im weitesten Sinne befasste, war der Politiker, Mathematiker, Astronom und Naturphilosoph **Thales von Milet** (um 624 bis um 526 v. Chr.) in Griechenland. Er befasste sich mit Mineralbildung bei vulkanischen Aktivitäten. Es sind aber von ihm selbst keine Schriften erhalten.

Plinius der Ältere (ca. 23 bis 79 n. Chr.) war Universalgelehrter und beschrieb das naturwissenschaftliche Wissen seiner Zeit in 37 Bänden der „Naturalis historia“. 5 Bände befassen sich mit Mineralen und Metallen. Er starb eines ungeklärten Todes während des Vesuv-Ausbruchs im Jahre 79 in der Nähe dieses Geschehens. Von ihm stammen auch Beschreibungen und Rezepturen der Glasherstellung, die ja schon ca. 1500 v. Chr. im Raum Ägypten, oder im östlichen Mittelmeerraum oder Mesopotamien „erfunden“ wurde. Speziell zum Färben von Glas sind entsprechende Metallverbindungen erforderlich, die aus Mineralen gewonnen wurden.

Im Mittelalter wurde die Mineralogie durch den steigenden Bergbau zu einer angewandten Wissenschaft. **Ibn Sina**, latinisiert **Avicenna** (um 980 bis 1037) war ein persischer Universalgelehrter, hauptsächlich jedoch Mediziner. Für die Geologie erkannte er die Wirkung von Erdbeben und Wasser auf die Landschaftsformung (Gebirge und Täler) und er entwarf eine Art Systematik der Minerale. Diese führte der Gelehrte und Bischof **Albertus Magnus** (um 1200 bis 1280) weiter in seinem Werk „De mineralibus“, aber auch als Anleitung zur Alchemie. Seine über 70 Abhandlungen bilden auch Grundlagen der mitteleuropäischen Flora und Fauna.

In diese Zeit fällt auch die nächste Blüte der Glasmacherkunst, die für die Farbgebung auf mineralische Metalloxide zurückgreift.

Ganz anders gelagert waren die Intentionen der **Hl. Hildegard von Bingen** (1098 bis 1179), die sich in ihren natur- und heilkundlichen Schriften „Physica", auch über Steine und Elemente befasste.

In ähnlichem Sinne sind auch die Abhandlungen von **Theophrastus Bombastus von Hohenheim Paracelsus** (1493 bis 1541) zu sehen. Er war Arzt, Alchemist, Astronom und Philosoph. Er verband Medizin und Alchemie und propagierte die Wirkung von Schwefel, Quecksilber und (Schwermetall-)Salzen.

Ein Zeitgenosse von ihm, **Georg Bauer**, latinisiert **Georg (ius) Agricola** (1494 bis 1555), verfasste aufgrund eigener mineralogisch-geologischer Erfahrungen 10 Bücher „De natura fossilium libri X" (1546) und „De re metallica libri XII" (posthum 1556 erschienen), in denen das Wissen seiner Zeit über Bergbau und Hüttenwesen zusammengefasst ist. Er gilt als „Vater der Mineralogie" (und der Bergbaukunde). Er stellte auch die Eigenschaften der Minerale dar – ein Vorläufer der späteren „Speziellen Mineralogie".

St. Paul/Lavanttal (aus Josef Wagner, Ansichten aus Kärnten 1848)

Ab dem 14. Jh. und dann in der Renaissance (15./16. Jh.) kamen in Klöstern und Herrscherhäusern **Kuriosenkabinette**, später **Kunst- und Wunderkammern** auf. Hier wurde alles gesammelt und ausgestellt, in den Klöstern auch zum Zwecke des Unterrichts. Es wurde die gesamte kosmisch-göttliche Ordnung der Welt dargestellt. Aus diesen Sammlungen (teils Naturalienkabinette) gingen dann später bedeutende Sammlungen in Museen hervor. Die Kunst- und Wunderkammer des Benediktinerstiftes St. Paul im Lavanttal, zusammengestellt nach dem Vorbild der Sammlung im Schloss Ambras in Tirol (1573), gibt

auch heute noch einen lebendigen Einblick. Sie stellt einen eigenen Bereich der Stiftssammlungen dar.
Klöster und Stifte waren immer Zentren der Spiritualität und der Bildung. Ein Vertreter war der Jesuit **Franz Xaver von Wulfen** (1728 bis 1812) im Jesuitenkolleg in Klagenfurt. Nach dessen Aufhebung 1773 widmete er sich den Forschungen der Botanik und der Mineralogie. Das Blei-Molybdän-Mineral Wulfenit ist nach ihm benannt.
War bis etwa 1750 die Mineralogie das Interessensfeld von meist wohlhabenden Privatleuten, wurde sie in der Folgezeit auch an Universitäten etabliert. Ein mineralogisches Zentrum war die alte Bergstadt **Freiberg in Sachsen** mit dem Mineralogen **Abraham Gottlob Werner** (1749 bis 1817), Begründer der Geognosie. Alexander von Humboldt, August Breithaupt und Leopold von Buch waren seine Schüler, ebenso **Friedrich Mohs** (1773 bis 1839). Dieser ging 1802 nach Wien um die bedeutende Sammlung von J. F. van der Nüll aufzunehmen. 1812 wurde er als Professor an das Joanneum nach Graz berufen (Härteskala nach Mohs und Klassifizierung der Minerale nach ihren Eigenschaften – Form, Härte, Sprödigkeit, Dichte). 1817 wurde er Nachfolger seines Lehrers A. G. Werner in Freiberg/Sachsen. 1826 erfolgte seine Berufung nach Wien und er wurde als wirklicher Bergrat mit der Einrichtung eines Montanistischen Museums beauftragt, aus dem 1849 mit **Wilhelm von Haidinger** (1795 bis 1871)

die k. k. Geologische Reichsanstalt (heute Geologische Bundesanstalt) hervorging. Sein Nachfolger in Freiberg/Sa. wurde **August Breithaupt** (1791 bis 1873), seine Forschungen befassten sich mit Mineralparagenesen und Mineralphysik.

Victor Leopold Ritter von Zepharovich (1830 bis 1890) arbeitete ab 1852 an der k. k. Geologischen Reichsanstalt in Wien (unter W. Haidinger), wurde 1857 Professor für Mineralogie in Krakau und 1864 nach Prag berufen. Er war sehr vielseitig, sein (unvollendetes) Hauptwerk widmete sich der Mineraltopographie der k. k. Monarchie (2 Bände).

Der Mineraloge **Albrecht Schrauf** (1837 bis 1897) war Professor und Leiter des Mineralogischen Museums an der Universität Wien. Er beschäftigte sich mit dem chemischen Aufbau von Mineralen.

Über **Universitäten und Museen** wurde die Mineralogie im 20. Jh. weiter verbreitet und das private Sammlertum greift um sich, mit Höhepunkten in den 1970er bis in die späten 1990er Jahre, Mineralienbörsen boomen. In der Folge „schleichen" sich die Esoterik und die Steinheilkunst in die Szene, wobei auch die Ideen der Hildegard von Bingen wiederbelebt werden. Parallel dazu weitet sich der Schmucksektor aus, wobei besonders Billigangebote die Regale füllen.

Heute ist die **Mineralogie** international Schnittstelle zwischen Chemie und Geochemie, Physik, Kristallographie, Gemmologie, Petrologie, Geologie, Lagerstättenkunde und Prospektion sowie auch der Paläontologie, wobei ebenso die Zusammenarbeit mit peripheren Wissenschaften (z. B. Archäologie, Ur- und Frühgeschichte, Numismatik etc.) gepflogen wird. Mineralogie und Rohstoffkunde sind heute auch im Bergbau und in der Industrie unerlässliche Partner und werden es zunehmend in der Abfall- und Recyclingwirtschaft.

Mineralogie und Rohstoffkunde im Alltag – wo und wofür?

Mineralische Rohstoffe, ihre Verwendung und Umsetzung sowie der Handel mit den Produkten bestimmen Wirtschaft und Kultur jeder Region. Unser kulturell-wirtschaftliches Umfeld ist ohne mineralogische und rohstoffkundliche Erkenntnisse und Auswirkungen nicht mehr vorstellbar. Täglich, fast stündlich benutzen wir im Alltag Gegenstände, die einmal mineralische Rohstoffe waren, in Grundstoffe umgewandelt wurden und daraus Produkte erzeugt wurden und werden, ohne die unser Alltag nicht mehr denkbar ist. Alle Gegenstände aus Metall, Keramik, Glas – von Auto bis Zahnpaste – sind ohne mineralische Rohstoffe nicht möglich.

Beschämend und völlig unverständlich ist deshalb die Tatsache, dass Lehrinhalte der Mineralogie und Rohstoffkunde aus den Lehrplänen der Allgemein bildenden Höheren Schulen und Berufsschulen verdrängt wurden. Dies äußert sich in weitgehender Ahnungslosigkeit und in Unverständnis großer Teile der Bevölkerung bezüglich Bergbau und Rohstoffen sowie Abfalltrennung und Recycling – hier sind ein Umdenken und dringender Handlungsbedarf notwendig! Wenn sich eine Bildungsreform nur auf eine Verwaltungsreform beschränkt ohne die Bildungsinhalte zu berücksichtigen, liegen Politik und Entscheidungsträger völlig falsch.

In den folgenden Beschreibungen gibt der erstgenannte Ort die Fundstelle des jeweils abgebildeten Minerals an.

Achat (Quarz), *Mineralstufe 13 x 10 cm*

Fundorte: Koschuta, *Bärental, Dobratsch, Windisch Bleiberg (Märchenwiese)*

Achate sind konzentrische Ausfällungen von fein kristallisiertem Chalcedon (SiO_2). Er kommt meist in vulkanischen Gesteinen vor. Im Bereich Koschuta – Loiblpass in Südkärnten treten in Karbonatgesteinen der Mitteltrias (Alter etwa 240 Millionen Jahre) vulkanische Gesteine auf, die in Hohlräumen Achatfüllungen enthalten. Geschnitten, angeschliffen und poliert zeigen sie eine bunte Farbenvielfalt, wobei die rote Farbe auf fein verteilten Hämatit (ein Eisenoxid) zurück zu führen ist. Achate werden zu Schmuckstücken und Reibschalen verarbeitet.

Aktinolith („Strahlstein“), *Mineralstufe 13 x 9 cm*

Fundorte: Königsangerspitze bei Spittal, *Brennkogel/Mölltal, Feldsee/Wurten, Zirknitz*

Der Name setzt sich aus zwei Begriffen der griechischen Sprache zusammen: Aktinos – der Strahl und Lithos – der Stein. Diese beschreibende Namensgebung ist sehr zutreffend, weil Aktinolith meist Mineralstängel im Gestein (hier ein Talkschiefer) bildet. Die Farbe ist häufig grünlich (hell- bis dunkelgrün), sie wird durch den Einbau von zweiwertigem Eisen verursacht. Aktinolith ist ein charakteristisches Mineral in metamorphen Gesteinen (Umwandlungsgesteine) und kann auch gesteinsbildend auftreten.

Albit (ein Plagioklas), *Mineralstufe 16 x 10 cm*

Fundorte: Auernig bei Mallnitz, *Ankogel, Gertrusk, Weinebene*

Albit ist eines der wenigen Minerale, die ihren Namensursprung in der lateinischen Sprache haben: albus = lat. weiß. Albit besitzt praktisch immer weiße Farbe („porzellanweiß“). Er ist ein häufiges Mineral in so genannten „alpinen Klüften“. Das sind Spalten, die durch die Gesteinsbewegung während der Gebirgsbildung (Tektonik) entstanden sind. Seine Erscheinungsform ist meist tafelig. Als Begleitmineral kommt auch der Bergkristall (Kristalle rechts im Bild) zusammen vor.

Almandin (Granat), *Bildbreite 20 cm*

Fundorte: Radenthein, *Laufenberg bei Radenthein, Hüttenberg, Mirnock*

Der Almandin ist der häufigste Vertreter der Granatgruppe. Granate sind Mischkristalle, sie bilden chemisch und farblich sehr unterschiedliche Kristalle. Die bei Radenthein vorkommenden Granate sind Eisen-Aluminium-Granate; sie bilden meist so genannte Rhombendodekaeder (Zwölfflächner aus Rhomben) und treten häufig in Glimmerschiefern auf. Der Almandin wird als Schmuckstein geschätzt. Ein Granatabbau befand sich unweit Laufenberg bei Radenthein oder Lucknergraben (Infos im „Granatium" in Radenthein).

Amethyst (Quarz), *Mineralstufe 10 x 9 x 5 cm*

Fundorte: Zirknitz, *Dösental, Roßalm/Reißeck, Wurten*

Der Amethyst ist als Schmuckstein schon seit der Antike in Verwendung; die Griechen meinten, dass er gegen die Trunksucht wirkt. Er ist ein Vertreter der Quarz-Minerale. Seine violette Farbe erhält er durch Eisen mit wechselnden Wertigkeiten. Er ist sowohl in vulkanischen Gesteinen als auch in alpinen Vorkommen „beheimatet". Manchmal bildet er mächtige Gänge (Amethystwelt Maissau, NÖ.). Meist sind schöne, klare Kristallspitzen in Gesteinshohlräumen zu finden. Diese werden zu attraktiven Schmucksteinen verschliffen.

Anhydrit, *Bildbreite 17 cm*

Fundorte: Bleiberg, *Gößgraben/Nellystollen, St. Daniel/G.*

Der Name Anhydrit sagt aus, dass er wasserfrei ist. Es handelt sich um dehydratisierten Gips (Calciumsulfat), wobei Anhydrit auch primär entstehen kann. Das Vorkommen im Wettersteindolomit (Alter 230 Mio. J.) der ehemaligen Blei-Zink-Lagerstätte Bleiberg war auf einen bestimmten Lagerstättenbereich beschränkt.

Wegen seiner hellblauen Farbe wurde er mitunter zu Schmucksteinen verschliffen, doch ist er wegen der relativ geringen Härte leicht zerkratzbar.

Apatit, *Mineralstufe 14 x 9 cm*

Fundorte: Törlkopf bei Mallnitz, *Fraßgraben, Grießerhof/ Hirt, Lölling/Unt. Grabner*

Apatit (griech. der Täuscher) tritt in sehr unterschiedlichen Farben und Formen auf, weshalb die Verwechslung mit anderen Mineralen gegeben ist. In den alpinen Vorkommen ist er häufig dicktafelig und sitzt als späte Bildung anderen Mineralen auf (im Bild auf farblosem Calcit).

Aus sehr feinkörnigem (Hydroxil-)Apatit bestehen Knochen und Zähne der Wirbeltiere (und der Menschen); auch das Hirschgeweih besteht daraus. Diese Feinheit und die Verbindung mit organischem Gewebe verleiht den Knochen die hohe Festigkeit.

Aragonit (Kristalle), *Mineralstufe 7 x 6 cm*

Fundorte: Dobratsch, *Hüttenberg, Maria Waitschach, Terpetzen, Wölch*

Aragonit hat seinen Namen nach der spanischen Landschaft Aragonien. Er wurde 1796 nach diesem Vorkommen benannt. An der Basis des Dobratsch tritt er in permischem Sandstein (Alter ca. 260 Mio. Jahre) auf. Dort bildet er farblose Kristalle in Gesteinshohlräumen.

Aragonit kann aber auch aus heißen Mineralwasserquellen auskristallisieren, es entstehen fein kristalline Sinterablagerungen, die durch Fremdminerale unterschiedliche Farben aufweisen können. Lokal werden Dekorplatten oder Gefäße daraus geschliffen.

Aragonit („Eisenblüte“), *Mineralstufe 9 x 5 cm*

Fundorte: Meiselding bei St. Veit, *Jauken, Millstätter Alpe, Obir*

Aragonit tritt in Hohlräumen mancher Erzlagerstätten als feinkörnig verästelte „Eisenblüte“ auf. Ein berühmtes (namensgebendes) Vorkommen ist der Steirische Erzberg. In Kärnten ist diese Ausbildungsform aus dem ehemaligen Blei-Silberbergbau Meiselding bekannt.
In all diesen Fällen ist der „Eisenblüte-Aragonit“ eine junge (sekundäre) Bildung, die lange nach der eigentlichen Lagerstättenentstehung abgelaufen ist.
Derartige Aragonit-Sinter werden lokal zu Dekorplatten verschliffen.

Auripigment, *Mineralstufe 10 x 7 cm*

Fundorte: Stein bei Dellach/Drautal, *Keutschach, Klie-ning, Lanisch/Rennweg*

Der Name Auripigment – „Goldpigment“ – verrät eine der Verwendungen seit der Antike. Im Mittelalter wurden Marienstatuen mit Auripigment-Mänteln gekleidet, ebenso findet man dieses „Goldpigment“ in der Buchmalerei.
In Kärnten kommt dieses Arsensulfid (giftig!) zusammen mit weißem Calcit im Mitteltriaskalk („Muschelkalk“ des Anisiums, ca. 240 Mio. Jahre alt) vor. Seine blättrige Struktur verleiht ihm einen charakteristischen Seidenglanz. Frei stehende Kristalle sind jedoch äußerst selten.

Azurit, *Bildbreite 9 cm*

Fundorte: Pöllan bei Paternion, *Kerschdorf/Göriach, Obojnikgraben/Eisenkappel, Unterbuchacher Alm*

Azurit-Kristalle sind tief dunkelblau, das Pulver ist azurblau (Name!). Es handelt sich um ein basisches Kupferkarbonat, das sich sekundär nach Kupfererzen bildet.

Bei Pöllan befindet sich eine ehemalige Kupfer-Blei-(Silber)-Lagerstätte und die Sekundärminerale finden sich auf der Halde. Der Azurit sitzt auf gelblichem Dolomit und dieser ist eine Kluftfüllung im Mitteltriaskalk (Anisium, ca. 240 Mio. J.). Als primäre Kupfererze sind dort Chalkopyrit und Fahlerze bekannt.

Baryt („Schwerspat“), *Mineralstufe 12 x 9 cm*

Fundorte: Bleiberg, *Erlacher Bock, Hüttenberg, Terpetzen*

Seine relativ hohe Dichte (4,4 g/cm^3) gaben dem Baryt (griech. barys = schwer) den Namen. Es ist Bariumsulfat und wegen der sehr geringen Löslichkeit nicht giftig. Baryt bildet meist tafelige Kristalle mit glänzenden Flächen, seine Farbe schwankt von braun über goldgelb bis strahlend weiß. Letzteres macht man sich in der Farbmittelindustrie zunutze, Baryt gibt (neben Titanweiß) eine gut deckende Farbe (z. B. mit Zinksulfid in der Lithopone).

Bergkristall (alpiner Quarz), *Mineralstufe 21 x 12 cm*

Fundorte: Ankogel, *Auernig, Wurten, Zirknitz*

Bergkristall ist relaltiv reines Siliziumdioxid; er ist eine farblos-durchsichtige bis durchscheinende Quarzvarietät in gut sichtbaren Kristallen. Er ist Ziel vieler Kristallsucher in alpinen Vorkommen.

Bergkristall ist ein Produkt der letzten Gebirgsbildung, wobei er aus SiO_2-haltigen Lösungen auskristallisiert ist und zwar in so genannten alpinen Zerrklüften. Diese sind durch die Gebirgsbildung und Gesteinsbewegung (Tektonik) entstanden. Quarz ist der Rohstoff für die Herstellung von Silizium und Siliziumkarbid.

Bergkristall (Quarz), *Bildbreite 7 cm*

Fundorte: westliche Gailtaler Alpen, *Ardeschitzagraben/Rosenbach, Koflachgraben/Paternion, Lumkofel/Lienzer Dolomiten*

Bergkristalle können sich auch in Sedimentgesteinen bilden. Sie sind dann meistens glasklar und hoch glänzend. Sie sitzen, beidseitig spitz beendet, in kleinen Hohlräumen, zusammen mit bituminösen (organischen) Substanzen. In den westlichen Gailtaler Alpen sind derartige Vorkommen im Wettersteindolomit bekannt.

Mitunter enthalten diese Kristalle auch kleine Einschlüsse mit Gasblase und Flüssigkeit, mit deren Untersuchung die Bildungsbedingungen eruiert werden können.

Beryll, *Mineralstufe 8 x 11 cm*

Fundorte: St. Leonhard/Saualpe, *Brandrücken/Weinebene, Romate, Roßalm/Reißeck*

Berylle sind Beryllium-Aluminium-Ringsilikate, die in verschiedenen Farben vorkommen: Beryll ist weiß oder unscheinbar gefärbt, der Aquamarin ist (hell)blau und der Smaragd ist durch den Einbau von Chrom grün gefärbt. Letztere sind als Edelsteine sehr geschätzt.

Aus unscheinbaren Beryllen wird das Leichtmetall Beryllium gewonnen.

Häufig kommen Berylle in so genannten Pegmatiten oder pegmatitähnlichen Gesteinen vor, entweder eingewachsen oder frei stehend in Hohlräumen.

Biotit (Glimmer), *Mineralstufe 12 x 7 cm*

Fundorte: Mühldorfer Graben/Mölltal, *Gummern, Hüttenberg, Jungfernsprung*

Biotit ist ein Vertreter der Glimmergruppe. Meist ist er im Gestein eingewachsen und damit ein Hauptgemengeteil vieler (plutonischer) Gesteine. In Glimmerschiefern kann er das dominierende Mineral sein. Selten sind jedoch auf Kluftflächen (eines Gneises) frei stehende Kristalle, die sehr schön Kristallumrisse und -formen zeigen können.
Biotit zeigt durch den Einbau von Eisen dunkelbraune oder seltener dunkelgrüne Farbe. Eine technische Verwendung ist nicht bekannt.

Bournonit, *Mineralstufe 13 x 8 cm*

Fundorte: Hüttenberg, *Friesach, St. Martin a. S., Wölch*

Bournonit (auch „Rädelerz“ genannt) ist ein Blei-Kupfer-Antimonsulfid. Er bildet walzenförmige Kristalle, die aus mehreren verwachsenen Individuen bestehen (Zahnrädern ähnlich).

In der ehemaligen Sideritlagerstätte des Hüttenberger Erzberges wurde Bournonit in Hohlräumen im (teilweise limonitisierten) Siderit aufgefunden. Die erdig-gelbliche Oberfläche stammt von dem Sekundärmineral Bindheimit (ein Blei-Antimon-Oxi-Hydroxid), Malachit, Cerussit etc. In manchen polymetallischen Lagerstätten ist Bournonit ein wichtiges Blei-Kupfererz.

Calcit („Kanonenspat“), *Mineralstufe 12 x 11 cm*

Fundorte: Bleiberg, *Obir, Petzen, Gailtaler Alpen*

Calcit (Kalzit, Kalkspat) ist ein Calciumkarbonat, welches trigonal (dreiseitig) kristallisiert. Gut zu erkennen ist die Symmetrie an den drei Flächen bzw. Kanten, die an der Spitze des Kristalls zusammen treffen. Calcit ist das formenreichste Mineral.

In der ehemaligen Blei-Zink-Lagerstätte Bleiberg (im Wettersteindolomit) tritt eine besondere Kombination von Rhomboeder und Prisma auf, die diesen Kristallen die Bezeichnung „Kanonenspat“ eingebracht hat.

Calcit, *Mineralstufe 27 x 18 cm*

Fundorte: Hüttenberg, *Lölling, Maria Waitschach, Windisch Bleiberg*

Calcit (Kalzit, Kalkspat; $CaCO_3$) tritt in sehr vielen Ausbildungs- und Erscheinungsformen auf; seine Symmetrie ist trigonal. In der ehemaligen Sideritlagerstätte Hüttenberg ist Calcit ein häufiger Begleiter des karbonatischen Eisenerzes. Für manche Vorkommen ist der in der Abbildung gezeigte „Kristalligel" charakteristisch. Calcit ist weltweit verbreitet und Hauptbestandteil von Kalksteinen (z. B. im Drauzug) und Marmoren (metamorpher Kalkstein, z. B. im Krastal bei Villach). Fein vermahlen gibt er ein gutes Weißpigment (etwa für die Papierindustrie).

Cerussit („Weißbleierz“), *Mineralstufe 6 x 6 cm*

Fundorte: Bleiberg, *Hüttenberg, Meiselding, Olsa*

Cerussit ist Bleikarbonat und bildet sich meist sekundär nach oder auf Bleierzen, wie etwa dem Galenit („Bleiglanz“). Die Kristalle sind farblos bis weiß und zeigen sich als Verwachsungs-Drillinge. Charakteristisch ist ihr hoher Glanz.

In der Antike (und später) wurde aus Cerussit metallisches Blei gewonnen. Dies ist durch die einfache Reduktion mit Holzkohle möglich.

Aus Cerussit und Hydrocerussit wurde im Mittelalter eine weiße Malerfarbe (giftig) hergestellt, die als Grundierung in der Tafelmalerei diente.

Chalcedon (Quarz), *Mineralstufe 9 x 8 cm*

Fundorte: Hüttenberg, *Falkenberg, Kollnitz, St. Martin a. S.*

Chalcedon ist eine mikrokristalline, faserige Gefügevarietät von Quarz (SiO_2). Er bildet deshalb meist halbkugelige, traubige Massen, die farblos, weiß bis hellblau sein können. Es handelt sich oftmals um Hohlraumausfüllungen, die auch eine Streifung aufweisen können. Wegen seiner Kompaktheit wird er auch gerne zu Schmucksteinen verschliffen.

In der ehemaligen Sideritlagerstätte von Hüttenberg ist der Chalcedon eine relativ späte Bildung, die auf Siderit auskristallisiert ist und Hohlräume füllt.

Cölestin, *Mineralstufe 10 x 6 cm*

Fundorte: Hüttenberg, *Globasnitz/Rote Wand, Koflach-graben, Sonnberg/Guttaring*

Cölestin besitzt einen lateinischen Namen – coelestis, der himmelblaue – es gibt ihn aber auch farblos bis weiß. Es handelt sich um ein Strontiumsulfat ($SrSO_4$), das im Hüttenberger Erzberg gelegentlich im mürben Marmor vorgekommen ist. Gut gefärbte Belegstücke mit Kristallen sind eher selten.

Cölestin (und das Sr-Karbonat Strontianit) sind die Rohstoffe für die Gewinnung von Strontium. Als Sr-Nitrat wird es in der Feuerwerkerei eingesetzt, weil es die Flamme tief purpurrot färbt.

Descloizit, *Mineralstufe 11 x 6 cm*

Fundorte: Obir, *Bleiberg, Torwand/Nockgebiet*

Descloizit ist ein komplexes Blei-Zink-(Kupfer-)Vanadat von häufig bräunlichroter Farbe. Benannt ist dieses Mineral nach dem französischen Mineralogen Des Cloizeaux. Es ist ein typisches Sekundärmineral auf Blei-Zink-Lagerstätten in Sedimentgesteinen, wobei das Vanadium als biogenes Element gilt (aus dem organischen Stoffkreislauf stammend).

Der Gebirgsstock des Hochobirs birgt mehrere Einbauten auf Blei- und Zinkerze im Wettersteindolomit und hier kommt Descloizit auf Karbonatgestein vor.

Disthen/Kyanit, *Mineralstufe 20 x 13 cm*

Fundorte: Radenthein/Laufenberg, *Hüttenberg, Wolfsberg/ Autobahntunnel*

Der internationale Name des Minerals ist Kyanit bzw. Cyanit (1789) und bezieht sich auf die blaue Farbe (griech. kyanos = dunkelblau). Disthen (griech. 2 Härten, 1801) deutet auf die starke Härteanisotropie, nach Mohs mit 4 in der Längsrichtung der Kristalle und 7 senkrecht dazu.

Disthen ist ein typisches Mineral metamorpher Gesteine, die meist bei hohem Druck (über 6 kbar) entstanden sind. Am Laufenberg tritt Disthen im Quarz eingewachsen auf und bildet stängelige Kristalle.

Dolomit, *Kristalle bis 1,5 cm*

Fundorte: westliche Gailtaler Alpen, *Bleiberg, Grießerhof/ Hirt, Kollmann Autobahntunnel/Griffen*

Dolomit ist ein Calcium-Magnesium-Karbonat, der Name steht für ein Mineral und für ein Gestein (die „Dolomiten" bestehen weitgehend daraus).

Das Mineral bildet mitunter sattelförmig gekrümmte Kristalle in Hohlräumen von Karbonatgesteinen (siehe Abb.). Das Mineral selbst hat keine technische Verwendung. Dolomit als Gestein kann feinkörnig oder grobspätig sein und wird als Straßensplitt oder für die Herstellung von Feuerfeststeinen verwendet.

Dravit (ein Turmalin), *Mineralstufe 10 x 9 cm*

Fundorte: Landskron, *Fraßgraben/Koralpe, Hüttenberg, Millstätter Alpe*

Dravit ist ein Vertreter der Turmalin-Gruppe und ein Natrium-Magnesium-Aluminium-Ringsilikat-Borat.
Bei Landskron (Villach) bildet er stängelige Kristalle im Marmor. Seinen Namen hat er von seinem typischen Vorkommen bei Dravograd (Slowenien) erhalten.
Für die braune Farbe ist dreiwertiges Eisen in der Kristallstruktur verantwortlich. Die Turmaline sind als preiswerte Schmucksteine geschätzt, es gibt sie in fast allen Farben. Dravit ist neben Schörl (schwarz) der häufigste Vertreter.

Epidot, *Mineralstufe 12 x 9 cm*

Fundorte: Saualpe, *Ebriachklamm, Gertrusk, Weinebene*

Der Name Epidot (griech epidosis = Zugabe) deutet auf die zusätzlichen Flächen (bei flächenreichen Kristallen) hin. Es ist ein komplexes Calcium-Aluminium-Eisen-Silikat. Seine grüne Farbe verdankt er dem Eisen; er wurde früher deswegen auch „Pistazit“ genannt.

Epidot ist ein typisches Mineral metamorpher Gesteine, häufig in rückschreitend metamorphen oder durch Lösungen beeinflussten Gesteinspartien vorkommend. Er ist im Gestein eingewachsen oder frei stehend in Hohlräumen, oft zusammen mit Albit.

Fahlerz, *Mineralstufe 9 x 5,5 cm*

Fundorte: Rosegg, *Pöllan, Rotrasten (Ebene Reichenau), Ruden*

Fahlerz ist ein Sammelname für mehrere Mitglieder der Fahlerz-Gruppe (häufige Vertreter sind Tennantit und Tetraedrit). Es sind graue Kupfer-Arsen-Antimon-Sulfide, die jedoch auch Eisen und Zink, Silber und Quecksilber (und andere Elemente) einbauen können. Als primäres Kupfererz wandeln sich die Fahlerze leicht in Sekundärminerale um (im Bild in blauen Azurit).

Seit dem Mittelalter sind Fahlerze gesuchte Erze für die Gewinnung von Silber, dies war in vielen Ländern für die Münzprägung von Bedeutung.

Fluorit („Flussspat", Oktaeder), *Mineralstufe 10 x 7 cm*

Fundorte: Hocharn, *Gjaidtroghöhe/Heiligenblut, Gößgraben/Nellystollen, Pflügelhof/Maltatal*

Fluorit ist Calciumfluorid und wird wegen seiner guten Spaltbarkeit auch Flussspat genannt. Er ist ein echtes „Durchläufermineral" in vielen Gesteinen unterschiedlicher Entstehung. In Abhängigkeit von den Bildungsbedingungen tritt Fluorit in verschiedenen kubischen Kristallformen auf. In alpinen Klüften, etwa in Gneisen (Abb.), bildet er häufig Oktaeder.

Fluorit ist ein Mineral, das gerne gesammelt wird, denn mannigfaltig sind Farben und Formen.

Fluorit („Flussspat“, Würfel), *Mineralstufe 10 x 8 cm*

Fundorte: Laka/Gailtaler Alpen, *Dellach/Gailtal, Erlacher Bock, Lumkofel/Lienzer Dolomiten*

Fluorit (CaF_2) tritt auf in magmatischen Gesteinen (z. B. in Granit), in Sedimentgesteinen (z. B. im Mitteltriaskalk) und in metamorphen Gesteinen (z. B. in Gneis), weil beide Elemente in der Erdkruste häufig sind. Unterschiede gibt es allerdings in den Kristallformen.

In Karbonatgesteinen (hier zusammen mit Dolomit) bildet er oft Würfel, manchmal bis mehrere Zentimeter Kantenlänge. Die violette Farbe beruht auf dem Einbau geringer Mengen von Seltenerd-Elementen.

Galenit („Bleiglanz“), *Mineralstufe 9 x 9 cm*

Fundorte: Bleiberg, *Obir, Rudnik, Windisch Bleiberg*

Hauptminerale in der ehemaligen Blei-Zink-Lagerstätte Bleiberg-Kreuth sind Galenit („Bleiglanz“) und Sphalerit („Zinkblende“).

Galenit ist Bleisulfid (PbS). Dieser bildet häufig Oktaeder, mitunter auch Würfel. Die Farbe ist charakteristisch bleigrau. Er besitzt auch eine gute Spaltbarkeit (nach dem Würfel). Galenit ist weltweit das wichtigste Bleierz.

In Bleiberg liegen große Lagerstättenteile im Wettersteindolomit (Alter 230 Mio. Jahre).

Gips, *Kristalllänge 12 cm*

Fundorte: Bleiberg, *Dobratsch, Karawankentunnel, Lammergraben/Laas*

Gips ist Calciumsulfat mit 2 Kristallwässern. Er kann primär in Sedimentgesteinen auftreten und bildet dort weltweit bedeutende Lagerstätten. Er ist aber auch ein Sekundärmineral, weil er nach der Zersetzung von Sulfidmineralen auch entstehen kann. In beiden Fällen können große frei stehende Kristalle vorkommen.

Gips ist ein weiches Mineral (Mohs-Härte 2) und daher schon mit dem Fingernagel ritzbar. Kristalle sind meist farblos, feinkristalline Gipsgesteine können weiß, grau und rosa sein.

Goethit („brauner Glaskopf“, „Limonit“),

Mineralstufe 11 x 9 cm

Fundorte: Hüttenberg, *Dobratsch, Maria Waitschach, Roter Mann/Goldberggruppe*

Die Bezeichnung Goethit ehrt den Dichter und Bergrat Johann Wolfgang v. Goethe. Feinkörniges Gemenge mit anderen Mineralen wird „Limonit“ bezeichnet. Es handelt sich um typische Sekundärbildungen, die durch Verwitterung von Eisensulfid-Mineralen (u. a.) entstanden sind.
In der traubig-nierigen Ausbildung wird auch der Name „Glaskopf“ gebraucht (gemeint ist aber „Glatzkopf“). Am Beginn der Metallurgie war Limonit ein wichtiges Eisenerz.

Gold („Freigold/Berggold“ in Quarz), *Bildbreite 8 cm*

Fundorte: Zirknitz, *Fundkofel, Waschgang, Wurten*

Gold (lat. aurum) ist eines der Metalle, welches der Mensch seit frühester Zeit verwendet. Es kommt in gediegener Form vor. In den Alpen tritt Gold in so genannten Goldquarzgängen auf. Es ist ein Produkt der alpinen Gebirgsbildung. Entweder ist Gold mit Pyrit, Arsenopyrit u. a. Mineralien im Quarz (auch in anderen Mineralen) eingewachsen, oder es bildet frei stehende Blech- oder Kristallgruppen. Da wird es „Freigold“ oder auch „Berggold“ genannt.

Eine Blütezeit des Goldbergbaues war das Mittelalter. Durch Eisschmelze werden immer wieder alte Stollen freigelegt, es war damals noch wärmer als heute.

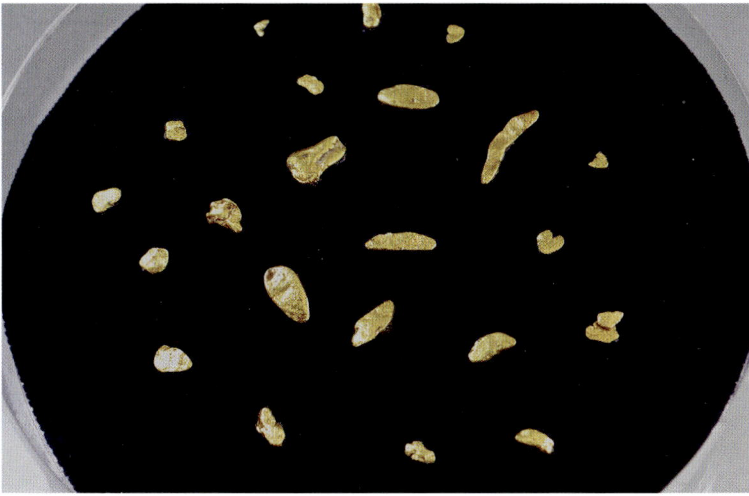

Gold („Waschgold“), *Goldkörner bis 1 cm*

Fundorte: Tragin bei Paternion, *Lieser-Fluß, Kölnbrein, Wulzentratten/Gitschtal*

Der Beginn der Goldgewinnung liegt sicher in der Auffindung von „Waschgold“ in Flüssen. Man holte an bestimmten Stellen, wo sich die Fließgeschwindigkeit verringert und wo „Goldfallen“ vorliegen, den Sand aus dem Fluss und kann das Gold durch „Waschen“ anreichern (Gold besitzt die hohe Dichte von 19 g/cm^3).
Üblicherweise variiert die Größe dieser „Nuggets“ und Flunzeln in Alpenflüssen zwischen 0,1 bis 5 mm (größere sind hier seltene Ausnahmen).

Hämatit („Eisenglimmer“), *Mineralstufe 8 x 7 cm*

Fundorte: Waldenstein, *Ebriachklamm, Hochfeistritz, Hüttenberg*

Der Name Hämatit leitet sich vom griech. häma – Blut ab (daher auch der Name „Blutstein“): Das Mineralpulver ist rotbraun. Hämatit bildet große frei stehende Kristalle in alpinen Klüften („Eisenrosen“), ist gesteinsbildend (in großen Lagerstätten) oder tritt in feinkörnig-strahligen Aggregaten auf („Roter Glaskopf“). Er ist einerseits ein wichtiges Eisenerz und andererseits ein Industriemineral. Als solches findet er Verwendung als Mineralpigment. Die Lagerstätte Waldenstein wird für die Gewinnung von Hämatit und Erzeugung von Rostschutz- und UV-Schutzfarben abgebaut.

Hemimorphit („Kieselzinkerz“), *Bildbreite 13 cm*

Fundorte: Bleiberg, *Obir, Petzen, Torwand/Nockgebiet*

Hemimorphit ist ein basisches Zinksilikat und ein typisches Sekundärmineral in der Oxidationszone von Blei-Zink-Lagerstätten. Er bildet farblose, tafelige, frei stehende Kristalle.

Zusammen mit anderen sekundären Zinkmineralen wurde er als Zinkerz abgebaut, speziell auch für die Herstellung von Messing (eine Kupfer-Zink-Legierung). Schon die Römer prägten Münzen aus Messing (den Dupondius).

Die ehemalige Blei-Zink-Lagerstätte Bleiberg war berühmt auch wegen der prächtigen Mineralstufen von Hemimorphit.

Heterosit, *Mineralstufe 13 x 8 cm*

Fundort: Laggerhof/Millstätter Seenrücken

Heterosit ist ein Eisenphosphat mit auffälliger purpurvioletter Farbe. Die Bedeutung des Namens (griech. heteros = anders, verschieden) ist nicht ganz klar. 1825 wurden von F. Alluaud zwei ähnliche Minerale beschrieben und Heterosit war eben der andere.

Beim Laggerhof am Millstätter Seenrücken kommt Heterosit in Pegmatiten vor und ist wegen seiner auffälligen Farbe leicht zu finden.

Holmquistit, *Mineralstufe 12 x 8 cm, Sammlung F. Koller*

Fundorte: Brandrücken/Koralm, *Weinebene*

Holmquistit ist ein komplexes Lithium-Magnesium-Eisen-Aluminium-Silikat; er gehört zur großen Familie der Amphibole („Hornblenden").

Im Zuge der Prospektionsarbeiten auf Spodumenpegmatite auf der Koralm wurden drei große Pegmatit-Blöcke mit Holmquistit gefunden. Die Mehrzahl der Stufen landete in Museen und privaten Sammlungen; handelt es sich doch um weltweit hervorragende Stufen dieses seltenen Minerals!

„Hornblende“ (Amphibol), *Mineralstufe 12 x 9 cm*

Fundorte: Saualpe, *(Gertrusk, Ramihalt), Lieserschlucht*

Die „Gemeine grüne Hornblende“ gehört zu der weit verbreiteten Amphibol-Gruppe. Diese Silikatminerale besitzen eine sehr komplexe chemische Zusammensetzung, die Farbe variiert von dunkelgrün bis schwarz. Sie sind üblicherweise gesteinsbildend (Amphibolite). Es handelt sich dabei um (hoch) metamorphe Gesteine.

Stellenweise kommt diese Hornblende auch in frei stehenden Kristallen vor, z. B. im Bereich der Saualpe in den so genannten Eklogiten.

Hydrozinkit, *Mineralstufe 7 x 5 cm*

Fundorte: Bleiberg, *Kulmberg/St. Veit, Obir, Schurfspitze/Hafnergruppe*

Hydrozinkit ist ein meist weißes, feinkörniges Sekundärmineral in Zinklagerstätten. Chemisch ist er ein basisches Zinkkarbonat.

In der Oxidationszone treten derbe, traubige weiße Massen dieses Minerals auf, welches zusammen mit dem Smithsonit („Zinkspat") auch als „Galmei" bezeichnet wurde.

Schon in der Antike wurde „Galmei" abgebaut und für die Messingherstellung verwendet. Messing (eine Kupfer-Zink-Legierung) diente wegen der Farbe als preiswerter Goldersatz.

Jaspis (Quarz mit Hämatit), *Mineralstufe 9 x 6 cm*

Fundorte: Turrach, *Bärental, Ebriachklamm, Mejnik/Karawanken*

Jaspis ist eine feinkörnige Quarzvarietät, die durch feinst verteilten Hämatit tief rot gefärbt ist. Der Name leitet sich aus der griechischen Sprache ab und bedeutet „gesprenkelter Stein".

Jaspis wird seit der Antike (u. a. Ägypten, Persien) als Schmuckstein geschätzt, zumal er stellenweise in tonnenschweren Stücken auftritt. Die Verarbeitung ist relativ einfach, aber das Material ist meist sehr zäh.

Die meisten Jaspise sind metamorpher Entstehung, so auch die Vorkommen auf der Turrach.

Korund, *Mineralstufe 10 x 6 cm*

Fundorte: Pusygraben bei Lölling, *Eisenkappel, Hüttenberg, Plankogel (Samml. Inst. f. Mineralogie und Kristallographie, Universität Wien)*

Korund ist ein Aluminiumoxid von hoher Härte (9 nach Mohs). Meist ist er in Gesteinen eingewachsen, freie Kristalle sind selten. Er kommt auch in den Farbvarietäten rot (Rubin) und blau bzw. gelb (Saphir) vor und gehört damit zu den gesuchtesten Edelsteinen.

Bei Lölling tritt Korund in bläulichen Kristallen in einem Korund-Granatfels (mit Chlorit) auf. Interessant ist die zonare Farbverteilung.

Kupfer gediegen, *Mineralstufe 8 x 7 cm*

***Fundorte:* Nötsch,** *Dragonerfels, Guginock/Goldeckgruppe, Mischlinggraben/Reichenfels*

Metallisches Kupfer (Cu) ist an sich eine seltene Bildung, weil Kupfer relativ unedel ist und sehr leicht chemische Verbindungen eingeht. Stellenweise wird jedoch das Kupfer reduziert und tritt dann als gediegenes Metall auf. Dies kann in Kupferlagerstätten geschehen oder aber in klüftigen Gesteinen, in die Lösungen eindringen, wie z. B. im Diabas des Nötscher Steinbruchs (Jakomini).

Kupfer ist den Menschen seit der späten Jungsteinzeit (Kupferzeit) bekannt und fand in der Bronzezeit weite Verbreitung.

Löllingit, *Mineralstufe 11 x 8 cm*

Fundorte: Lölling, *Kliening, Markogel/Villach, St. Martin a. S.*

Löllingit ist ein Eisenarsenid ($FeAs_2$), wobei auch etwas Schwefel eingebaut wird. Löllingit ist nach der gleichnamigen Ortschaft bei Hüttenberg benannt (1845) und ist ein Beispiel für ein Mineral, dessen locus typicus (Ort der Erstbeschreibung) in Kärnten liegt. Er bildet hell metallisch glänzende, strahlige Kristalle, die im Siderit der ehemaligen Eisenlagerstätte Hüttenberg-Lölling eingewachsen sind. Bei der Verhüttung entsteht giftiges Arsenoxid, welches als weißes Pulver, sog. „Hittrach" (Hüttenrauch) gewonnen wurde und als Aufputschmittel Verwendung fand.

Magnesit (mit Talk), *Mineralstufe 8 x 7 cm*

Fundorte: Radenthein/Magnesitlagerstätte, *Mallnock, Millstätter Alpe, Reißkofel (Sammlung M. Götzinger)*

Österreich ist das Land der Magnesitlagerstätten; einige typische Lagerstätten sind Veitsch für „Spatmagnesit", Radenthein für hoch metamorphe (salinare?) Bildung und Kraubath-Augraben für den feinkörnigen „Gelmagnesit". Magnesit ist Magnesiumkarbonat. Üblicherweise ist er weiß und gesteinsbildend, selten bildet er frei stehende Kristalle. Aus ihm werden hoch feuerfeste Steine hergestellt, Österreich ist eines der technologisch führenden Länder.

Malachit, *Bildhöhe 5 cm*

Fundorte: Waitschach, *Laas bei Kötschach, Obojnikgraben/ Eisenkappel, Pöllan*

Malachit ist ein basisches Kupferkarbonat von grüner Farbe; er ist deutlich häufiger als der blaue Azurit. Er bildet nadelige Kristalle in der Oxidationszone von Kupfervorkommen. Im ehemaligen Bergbaugebiet von Waitschach wurden Eisen- und Kupfererze abgebaut. Deshalb ist das Vorkommen von Malachit in Hohlräumen von „Limonit" charakteristisch. Malachit war zur Kupferzeit das erste Kupfererz, aus dem der Mensch das Metall Kupfer durch Reduktion des Erzes gewinnen konnte.

Muskovit (Glimmer), *Mineralstufe 7 x 6 cm*

Fundorte: St. Leonhard/Saualpe, *Gertrusk, Laggerhof, Radlbad/Gmünd*

Muskovit ist ein verbreitetes Kalium-Aluminium-Schichtsilikat, ähnlich dem Biotit, jedoch farblos und häufig durchsichtig. Er ist ein häufiger Bestandteil granitischer Gesteine und somit auch der Pegmatite, die ja Restschmelzen von Graniten sind. Stellenweise bildet er große tafelige Kristalle, die auch für die Industrie interessant sein können: Verwendung als durchsichtiger, hitzebeständiger und biegbarer Isolator.

Omphacit (ein Pyroxen), *Bildbreite 3,5 cm*

Fundorte: Saualpe, *Andersdorf/Lavanttal, Gertrusk, Kupplerbrunn (Sammlung M. Götzinger)*

Omphacit (grüne Kristalle) ist ein Mischkristall (Diopsid – Jadeit) der Pyroxengruppe. Er tritt zusammen mit Granat (rot) und Kyanit (Disthen, blau) in sehr hoch metamorphen Gesteinen auf, in so genannten Granatpyroxeniten (bzw. hier Eklogit).

Die Bildungsbedingungen dieser Gesteine sind sehr hoch: Drucke bei etwa 25 kbar und Temperaturen um 750 °C.

Durch die Farbenvielfalt der Minerale gehören Eklogite zu den schönsten Gesteinen der Ostalpen.

Orthoklas (Var. Adular), *Mineralstufe 5 x 5 cm*

Fundorte: Hocharn, *Ankogel-Hochalm, Hohenwart/Klippitz, Staff/Goldeckgruppe*

Orthoklas ist ein Kalium-Feldspat, der „gerade spaltende" – so sein griech. Name. In alpinen Klüften kommt die Varietät Adular vor (benannt nach den Schweizer Adula-Alpen), die auch interessante Zwillinge bilden kann (Abb.).

Die zarte grünliche Oberflächenfärbung stammt von dem Mineral Chlorit, welches oftmals als letzte bzw. jüngste Bildung in alpinen Klüften auftritt.

Orthoklas ist ein Hauptbestandteil von Graniten und bedeutend für die Porzellanherstellung.

Pyrit („Eisenkies“), *Mineralstufe 6 x 6 cm*

Fundorte: Waldenstein, *Gjaidtroghöhe/Heiligenblut, Hüttenberg, Wurten*

Der goldgelbe Pyrit ist ein kubisches Eisensulfid, welches der Mensch seit der Jungsteinzeit zum Feuer machen nutzt: Funkenbildung durch Anschlagen mit einem Feuerstein.

Pyrit bildet häufig Würfel und/oder so genannte Pentagon-Dodekaeder (Fünfeck-Zwölfflächner), auch Kombinationen beider; selten auch Oktaeder.

Im „Eisenglimmerbergbau“ Waldenstein tritt Pyrit praktisch nur in Pentagon-Dodekaedern im Hämatit eingewachsen auf.

Pyrrhotin („Magnetkies“), *Mineralstufe 5,5 x 4 cm*

Fundorte: Loben bei Bad St. Leonhard, *Hüttenberg, Klie-ning, Lading/Wolfsberg*

Der tombakbraune Pyrrhotin ist ein hexagonales Eisensulfid. Sein alter Name „Magnetkies“ deutet auf die magnetischen Eigenschaften. Frei aufgewachsene Kristalle sind selten; meist bildet er derbe Erzmassen, die auch Nickelminerale führen können. Dies macht ihn weltwirtschaftlich interessant.

Im ehemaligen Eisenbergbau Loben (Abbaubeginn im 17. Jh.) war Pyrrhotin neben Pyrit und Siderit ein wichtiges Eisenerz.

Quarz (Japaner Zwilling), *Mineralstufe 8,5 x 8 cm*

Fundort: Dösental bei Mallnitz

Quarz ist eines der häufigsten Minerale in magmatischen (z. B. Granit), sedimentären (z. B. Quarzsandstein) und metamorphen Gesteinen (z. B. Gneis, Quarzit). Reiner Quarz ist ein wichtiger Rohstoff für die Glasindustrie und für die Herstellung von Rein-Silizium (Halbleiter) und Siliziumkarbid (Abrasivstoff).

In alpinen Vorkommen bildet Quarz häufig Zwillinge; selten ist jedoch der „Japaner Zwilling".

Rauchquarz, *Mineralstufe 11 x 7 cm*

Fundorte: Hocharn, *Lichtengraben/Lav., Reißeck, Wurten*

Rauchquarz ist die „rauchbraune“ Varietät von Quarz. Er kann derbe Quarzgänge bilden oder schöne Kristallstufen in alpinen Vorkommen. Bei sehr dunkelbrauner Farbe wird der Rauchquarz als „Morion“ bezeichnet.

In älterer Edelstein-Literatur taucht die Bezeichnung „Rauchtopas“ auf. Diese verschliffenen Schmucksteine haben mit Topas nichts zu tun, es handelt sich um geschliffene Rauchquarze.

Rauchquarz sollte nicht erhitzt werden, weil seine Farbe verblasst (auch im starken Sonnenlicht).

Rhodonit (und Pyroxmangit), *Mineralstufe 15 x 10 cm*

Fundorte: St. Salvator bei Friesach, *Hofmühle/Lölling, Obersemlach, Weinebene*

Der rosafarbene Rhodonit ist ein Calcium-Mangan-Silikat. Er bildet meist derbe Massen, die durch Manganoxid-Minerale auch schwarze Partien aufweisen können. Freie Kristalle sind selten.

Im Raum Friesach – Dürnstein (Stmk.) sind mehrere Vorkommen bekannt. Hier sind Rhodonit und der ähnliche Pyroxmangit verwachsen und an Quarzite und Kalkmarmore gebunden. Schön gefärbte Stücke werden zu Schmucksteinen, Platten und Schalen verschliffen.

Rutil, *Mineralstufe 8 x 7 cm, Kristallgröße 6 cm*

Fundorte: Wieting im Görtschitztal, *Ankogel, Fraßgraben/Koralpe, Törlkopf/Mallnitz*

Rutil, vom lat. rutilus – der rötliche, ist Titanoxid, durch Fremdelemente jedoch tief dunkelrot gefärbt. Er bildet meist gut ausgebildete tetragonale Kristalle, die in Quarz eingewachsen sein können.

Reines Titanoxid (TiO_2) wird aus mehreren Titan-Mineralen gewonnen und ist weltweit das wichtigste mineralische Weißpigment. Aufgrund der optischen Eigenschaften ist es schon in dünnen Schichten deckend weiß. Dies spielt in der Textil-, Farben- und Lackindustrie eine große Rolle.

Scheelit, *Mineralstufe 6 x 4 cm*

Fundorte: Maresenspitze bei Mallnitz, *Mallnock, Pflügelhof, Wurten*

Scheelit ist Calcium-Wolframat und damit neben dem Wolframit das wichtigste Wolframerz weltweit.

In alpinen Vorkommen ist Scheelit schon lange bekannt, weil er meist gelbliche, auffällige Kristalle in Klüften bildet. Im kurzwelligen Ultraviolett-Licht zeigt er eine bläuliche Lumineszenz. Dies hat auch dazu geführt, dass in den 1970er Jahren im Felbertal (Sbg.) eine der größten Scheelitlagerstätten gefunden wurde. Österreich ist weltweit unter den 10 größten Wolframproduzenten.

Siderit („Eisenspat“), *Mineralstufe 11 x 8 cm*

Fundorte: Hüttenberg, *Maria Waitschach, Waldenstein, Wölch*

Österreich besitzt zwei große Sideritlagerstätten: Steirischer Erzberg (in Abbau) und Hüttenberg (1978 geschlossen, heute Schaubergwerk).

Siderit ist Eisenkarbonat mit hellbrauner Farbe. Das Fördererz ist meist grobkristallin, in Klüften und Hohlräumen können schöne Kristalle ausgebildet sein.

Hüttenberg ist bekannt wegen gut auskristallisierter Siderite, manchmal mit parkettierten Flächen (Abb.). Aufgrund der Spaltbarkeit wurde das Erz früher auch „Eisenspat“ genannt.

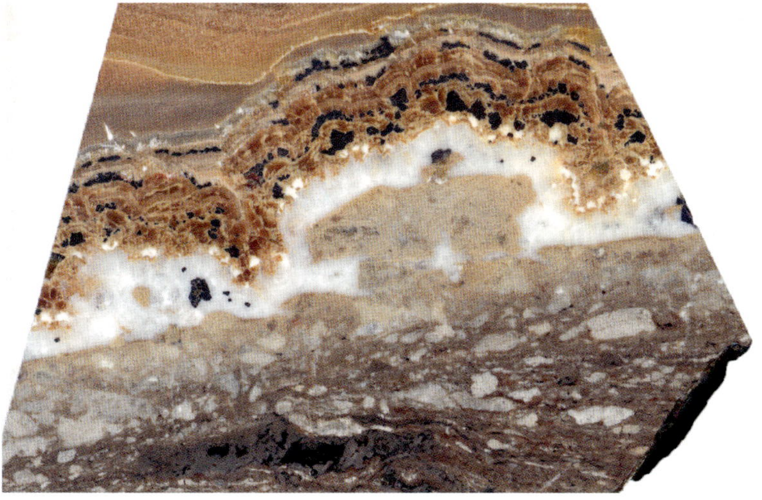

Sphalerit („Zinkblende“, feinkörnig), *Bildbreite 12 cm*

Fundorte: Bleiberg-Allerheiligen, *Obir, Pöllan, Umberg/ Wernberg (Sammlung M. Götzinger)*

Sphalerit ist Zinksulfid, ZnS. Er ist weltweit das wichtigste Zinkmineral. Sein alter Bergleute-Name ist „Zinkblende“. Diese zeigt eine gute Spaltbarkeit und hohen Glanz.
In der ehemaligen Blei-Zink-Lagerstätte Bleiberg-Allerheiligen tritt Sphalerit in sehr feinkörnigen Erzschlämmen auf (in der Abb. oben), darunter folgt ein Kokardenerz mit Galenit. Ganz unten befindet sich eine Breccie mit Karbonatgesteinen.

Sphalerit („Zinkblende“, Kristalle),

Mineralstufe 11 x 9 cm

Fundorte: Bleiberg, *Pleschutz/Althofen, Wandelitzen/Diex*

Sphalerit-Kristalle sind in Bleiberg nicht häufig, meist liegen derbe oder spätige Kristallverwachsungen als Erze vor. Das kubische Zinksulfid bildet hellbraune Tetraeder, welche zu Kristallaggregaten verwachsen sein können. Die Farbe des Sphalerits wird durch den Eisengehalt bestimmt: eisenfreies ZnS ist farblos, dunkelbraune Sphalerite enthalten bis 10% und mehr Eisen. Die „Zinkblende“ ist der wichtigste Rohstoff für die Gewinnung des Metalls Zink. Dieses wird vor allem zur Verzinkung von Eisenblechen (z. B. Dächer, Autokarosserien) verwendet.

Spodumen, *Mineralstufe 6 x 4 cm*

Fundorte: Brandrücken/Koralpe, *Edling/Spittal, Hüttenberg, Kreuzeckgruppe*

Spodumen ist ein Lithium-Aluminium-Silikat, welches meist tafelige Kristalle bildet. Diese sehen mitunter Feldspatkristallen sehr ähnlich – beide kommen auch gemeinsam vor. Obwohl er ein Silikat ist, wird in zunehmendem Maße das Metall Lithium daraus gewonnen (etwa für Batterien).

Die Spodumen-Vorkommen im Bereich Brandrücken sind Gegenstand von Prospektionsarbeiten mit dem Ziel, einen Abbau zu errichten.

Stilbit („Desmin"), *Mineralstufe 12 x 10 cm*

Fundorte: Reißeckgruppe, *Fraßgraben/Koralpe, Törlspitz/Ankogelgruppe*

Stilbos bedeutet in Griechisch Büschel – genau so sehen die Kristalle auch aus.

Stilbit ist ein komplexes Natrium-Calcium-Aluminium-Silikat, welches in alpinen Vorkommen metamorpher Gesteine „beheimatet" ist. Allerdings kommt er auch in Hohlräumen vulkanischer Gesteine vor.

Er ist farblos bis weiß und besitzt einen charakteristischen Seidenglanz. Deswegen werden auch gelegentlich Schmucksteine daraus geschliffen.

Talk, *Mineralstufe 6 x 5,5 cm*

Fundorte: Hirt, *Grießerhof, Großkirchheim, Plankogel*

Talk ist ein sehr weiches Magnesium-Schichtsilikat. Schon mit der Hand oder dem Fingernagel kann Talk geritzt oder zerkleinert werden.

Dieses Industriemineral kommt sowohl in Karbonatgesteinen als auch in Serpentiniten (Hirt) vor. Er kann Kluftfüllungen bilden, wobei die Kristalle senkrecht zur Kluftwand stehen. Die hellgrüne Farbe ist auf geringe Eisengehalte zurück zu führen.

Talk ist ein weltweit gesuchter Rohstoff für Füllstoffe, Spezialpapier und Gleitmittel (Talkum, Federweiß). Speckstein ist dichter Talk.

Tantalit (- Columbit, „Coltan“), *Mineralstufe 5 x 4 cm*

Fundort: Wolfsberg/Spittal

Columbit – Tantalit („Coltan“) bilden eine Mischkristallreihe von Mangan-Eisen-Niob-/Tantal-Oxiden. Diese kommen häufig in Pegmatiten (Ganggesteine mit granitischer Zusammensetzung) vor. Meist bilden sie schwarze bis dunkelbraune, tafelige Kristalle. Gesucht sind tantalreiche Erze, die wegen ihrer hohen Dichte auch in Schwermineralsanden angereichert sind. „Coltan“ ist ein Konfliktmineral (Afrika), denn speziell Tantal wird für die Herstellung von Kondensatoren mit hoher Kapazität verwendet.

Titanit („Sphen”), *Bildausschnitt ca. 8 x 6 cm*

Fundorte: Dösental bei Mallnitz, *Leppengraben/Eisenkappel, Prickler Halt, Törlkopf/Mallnitz*

Titanit ist ein Calcium-Titan-Silikat von ölgrüner bis gelblicher Farbe. In alpinen Vorkommen tritt er meist aufgewachsen auf anderen Mineralen als späte Bildung auf. Häufig zeigt er Zwillingskristalle (Abb.), wobei zwei keilförmige Kristalle verwachsen sind (daher auch der Name „Sphen“, griech. Keil).

Titanit ist von Sammlern gesucht, weil es sich um ein ausgesprochen attraktives Mineral handelt. „Sphene“ werden für Schmucksteine verschliffen.

Turmalin (Schörl-Dravit), *Mineralstufe 8 x 6 cm, Kristall 2,5 cm*

Fundorte: Saualpe, *Fundkofel/Zwickenberg, Gummern, Laas bei Fresach*

Turmalin steht für eine chemisch sehr heterogene Mineralgruppe; es sind Ringsilikate mit Boratgruppen. Meist bilden sie dreiseitige (trigonale) stängelige Kristalle. Es gibt sie in fast allen Farben (diese sind vom Einbau unterschiedlicher chemischer Elemente verursacht). Es sind beliebte Edelsteine. Die häufigsten Turmaline sind dunkelbraun bis schwarz und gehören der Reihe Dravit – Schörl an. Sie kommen meist in Pegmatiten vor, das sind Restschmelzen granitischer Gesteine.

Vanadinit, *Bildbreite 20 cm*

Fundorte: Bleiberg, *Obir*

Vanadinit ist ein chlorhaltiges Blei-Vanadat. Seine Farbe reicht von orange bis dunkel rotbraun. Es ist ein typisches Sekundärmineral in Blei-Lagerstätten, die an Karbonatgesteine gebunden sind (so auch in Bleiberg und am Hochobir). Vanadium ist ein biologisch wichtiges Element, es dient der Enzymsteuerung.

In der Stahlindustrie ist Vanadium ein bedeutender Stahlveredler; so beispielsweise in Chrom-Vanadium-Werkzeugstählen. Titan-Vanadium-Legierungen werden im Flugzeugbau eingesetzt.

Wulfenit („Gelbbleierz"), *Mineralstufe 21 x 12 cm*

Fundorte: Bleiberg, *Erlacher Bock, Jauken, Kleinelendkees*

Der meist orangegelbe Wulfenit ist ein Bleimolybdat. Er bildet häufig dünntafelige Kristalle und ist ein Kärntner „Parademineral": Er wurde nach dem Botaniker und Mineralogen Franz Xaver Frh. v. Wulfen (1728 – 1805, Entdecker der Kärntner Wulfenia) benannt.

Wulfenit ist ein typisches Sekundärmineral in karbonatgebundenen Bleilagerstätten. Er ist stellenweise auch ein willkommenes Molybdänerz.

Molybdän ist ein wichtiger Stahlveredler (Härtung und Hitzebeständigkeit von Stahl, für Luft- und Raumfahrt).

Zinnober (Cinnabarit), *Mineralstufe 16 x 12 cm*

Fundorte: Stockenboi/Paternion, *Jenkalm/Vellacher Kotschna, Magdalensberg, Ruden*

Der leuchtend rote Zinnober ist ein Quecksilber-Sulfid (HgS). Selten bildet er größere Kristalle. In vielen Vorkommen ist er in Quarz eingewachsen. Durch Reduktion ist das recht edle, aber flüssige Metall Quecksilber gewinnbar (Verwendung für Hg-Dampflampen, früher bei der Goldgewinnung).

Seit der Antike ist das Mineral als natürliches, mineralisches Farbpigment in Verwendung. Die Römer schätzten es für Wandmalereien wegen seiner beispiellosen Leuchtkraft.

Zoisit, *Mineralstufe 12 x 10 cm*

Fundorte: Saualpe, *Fraßgraben/Koralpe, Kupplerbrunn, Prickler Halt*

Zoisit ist ein etwas komplexes Calcium-Aluminium-Silikat von meist graugrüner Farbe (durch Mangan-Einbau auch rosa gefärbt: Thulit). Sigmund Zois Frh. v. Edelstein erhielt das (unbekannte) Kärntner Mineral von einem Sammler und der Mineraloge Abraham Gottlob Werner (1749 – 1817) benannte es Zoisit.

Dieses früher auch „Saualpit" genannte Mineral bildet sich in Calcium-reichen, höher bis hoch metamorphen Gesteinen, stellenweise auch in Eklogit.

Das Mineralreich.

NACHWORT

Wie es zu diesem Buch gekommen ist: Vor zwanzig Jahren hatte ich im Zuge einer Buchpräsentation auf der Turracherhöhe den begeisterten Mineraliensammler Norbert Kranzelbinder kennen gelernt. Er zeigte mir seine Sammlung im Hotel Zirbenhof und hat mich mit der Freude daran angesteckt.

Es hat viele Jahre gedauert, bis ich in meinem Antiquariat den Mineralogen Michael Götzinger getroffen habe, der dieses Buch zusammengestellt hat.

Wir möchten viele Menschen auf die Schönheiten in der Natur hier in Kärnten aber auch in vielen anderen Gebieten auf der Welt aufmerksam machen.

Waltraud Luderer, eine Vorbestellerin dieses Buches, hat zugestimmt, dieses schöne Steinebild ins Buch mit aufzunehmen.
Danke!

MYTHOS EDELSTEIN
KRANZELBINDER

MINERALIEN – KRISTALLE – EDELSTEINE

Durch die Ausbildung zum Bergführer besaß er auch die besten Voraussetzungen dafür. Die Begeisterung des Entdeckens und Sammelns von den wohl seltensten und wertvollsten Naturprodukten ging auch auf Sohn Norbert über. Inzwischen betreibt schon die dritte Generation dieses so faszinierende Hobby, welches auch zugleich Beruf ist.

Im Museum auf der Turracher Höhe zeigt die Familie Kranzelbinder eine der attraktivsten Kristall- und Edelstein-Ausstellungen im deutschsprachigen Raum. Zu sehen sind u.a. Mineralien aus den Nockbergen wie Magnesit, Zinnober, Granat und Jaspis, Wulfenite aus Bleiberg, Mineralien aus Hüttenberg und von vielen anderen Kärntner Fundstellen.

Ein Jaspis von der Turracher Höhe mit einem Gewicht von 7000 kg ist der Größte, der je im Alpenraum gefunden wurde. Der im Außenbereich präsentierte Bergkristall mit 4000 kg zählt zu den größten weltweit.

Außer den naturbelassenen Mineralien können Besucher wunderschöne Edelsteinschalen, Gravuren sowie seltene Kristallkreuze bewundern. Ein Höhepunkt der Ausstellung sind die versteinerten Bäume,

MYTHOS EDELSTEIN
KRANZELBINDER

MINERALIEN – KRISTALLE – EDELSTEINE

die bis zu 3 Meter hoch sind und ein Alter von über 200 Millionen Jahren aufweisen.

Laufend neue Sonderausstellungen und ein Verkaufsbereich mit einer riesigen Auswahl an Mineralien, Fossilien, Dekorobjekten sowie Schmuckgegenständen in allen Preislagen ergänzen das Angebot.

Im Sommer können die Besucher Goldwaschen, Geoden aufknacken und die Kinder können mit einem Mini-Bagger selber Edelsteine baggern.

Ein Besuch von Mythos Edelstein Kranzelbinder wird bei Menschen mit Interesse an edlen Steinen und Naturwundern sicherlich einen bleibenden Eindruck hinterlassen. Edelsteine sind ganz besondere Mineralien und es gibt auch einige Stellen in der Bibel die wohl zeigen, dass es sich um ganz besondere Produkte unseres Schöpfers handelt.

In der Offenbarung des Johannes im 21. Kapitel, Vers 18-20 steht: „Die Grundsteine der Mauern der himmlischen Stadt bestehen aus 12 verschiedenen Edelsteinen".

Auch Hildegard von Bingen, eine Kämpferin für das Christentum schreibt von vielen interessanten Möglichkeiten, wie man Edelsteine für Heil- bzw. Gesundheitszwecke verwenden kann.

Inzwischen gibt es auch eine große Ausstellung in Pörtschach am Wörthersee und ein Geschäft in Bad Kleinkirchheim und Wien.

Radentheiner Granats

Goldgräberdorf Heiligenblut

Im Goldgräberdorf Heiligenblut beim „Alten Pocher" können Sie in die historische Bergbaugeschichte eintauchen. Bereits 1974 wurde die Gold – und Silberschürfgemeinschaft gegründet und die 1. Goldwaschanlage erbaut.

Jahrhundertelang war Goldwaschen in Heiligenblut ein bäuerlicher Nebenerwerb. Im Goldgräberdorf wird demonstriert wie einst das Golderz unter schwersten Bedingungen im Stollen abgebaut und aus den Hochgebirgslagen im Winter in Sackzügen zu Tal gebracht wurde. Eine Knappenhütte, eine Bergschmiede, eine Sackzugstation, eine Erzscheidehütte, Bruchhof, Röststadel und Pochwerk die nach alten Skizzen nachgebaut wurden, informieren über die Weiterverarbeitung. Wir befinden uns hier auf historischem Boden, denn hier wurde gepocht wie das Wort „Alter Pocher" schon verrät und auch geschürft und gewaschen.

Gold ist das Idealbild eines Edelmetalls. Wunderschön, selten und es verwittert nicht. Gold ist ein Symbol der Sonne und ist in der Antike dem Sonnengott „Sol" zugewandt.

Wir unterscheiden bei Gold zwischen:

Berggold: Häufig für das freie Auge nicht erkennbar.
Freigold: Gediegenes Gold welches in Blechen und Kristallen vorkommt.
Seifen- und Waschgold: muß aus speziellen Waschvorgängen gewonnen werden.

Schon vor ca. 2500 Jahren wurde das Tauerngold entdeckt. Die Römer beschäftigten schon 130 v. Chr. die Kelten, die das begehrte Gold hier abbauten. Sie transportierten auch tonnenweise schönsten Bergkristall nach Venedig. Nach dem Untergang des römischen Reiches stand der Goldbergbau einige Jahrhunderte still. Die Tauerngold Quarzgänge sind vor 35- 28 Millionen Jahren entstanden. Die Quarzgänge sind senkrecht und die Gangfüllungen bestehen aus Quarz, Karbonat, Chlorit, Arsenkies, Kupferkies, Pyrit (Katzengold), Silber und Gold.

Mineralien in den Goldgängen

Herausragendes Mineral ist das Element Gold das zumeist an die Erzgänge gebunden ist. Nur in Ausnahmefällen findet sich Freigold in Form von Berggold. Häufiger als Gold ist das Silber.
Quarz findet sich in den Klüften als prächtige Bergkristalle, Rauchquarze, Citrine und Amethyste. Weitere Mineralien im Fleißtal: Fluorit, Granat, Malachit.
Die 1. Blütezeit des Goldbergbaues nach der Römerzeit in den Tauern war die 2. Hälfte des 14. Jahrhunderts. Jahresgewinnund ca. 50 kg Gold und die 3-4 fache Menge an Silber.

Die zweite Blütezeit 15.–17. Jahrhundert. Das Fleißtal gewann in der Zeit Ende 15. bis Anfang 16. Jahr-

hundert immer mehr Bedeutung als Abbaugebiet für Gold. Bis zu 2000 Knappen waren hier beschäftigt die hauptsächlich aus dem Erzgebirge stammten. Einer der vielen Gründe für den Verfall des Goldbergbaues ist die Vertreibung der Protestanten im Zuge der Gegenreformation. Ein weiterer das Gold der „Neuen Welt". Ein Hauptgrund ist, dass viele Gruben am Ende des 16. Jahrhunderts von Eismassen zugedeckt wurden.
Die letzte Periode intensiver Ausbeutung fand in den Jahren während des 2. Weltkrieges statt. Die lauten Hämmer von einst sind verstummt. Die professionelle Goldsuche in den Tauern gehört der Vergangenheit an. Das Goldgräberdorf Heiligenblut ist von Heiligenblut aus mautfrei über die Glocknerstraße erreichbar. Bei der Kehre 27 rechts abbiegen.

Geöffnet vom 1. Juni bis 30. September • Tel: 04824/ 24655

Der „ Alte Pocher"

Erinnerung an die Zeit des Goldbergbaues in der Glockner- und Sonnblickgruppe. Hier stand ab dem 12. Jahrhundert ein Pochwerk, in dem das erzhältige Gestein zerkleinert wurde. Die Grundmauern des Pochwerkes stehen noch. Der heutige „ Alte Pocher" wurde auf den Fundamenten der einstigen Erzkammern errichtet.
Bergkristalle aus den Tiefen der Alpen sind in der Mineralienschau beim „ Alten Pocher " in einem Teil der historischen Pochwerksruine zu bewundern.

Geöffnet von Ende Mai bis Anfang Oktober • Tel: 04824/ 20315

MUSEUM IM LAVANTHAUS – Wolfsberg

Das Museum im Lavanthaus ist das Regionalmuseum des Lavanttales und versteht sich als vielfältiges Panorama der Region und seiner Menschen.

In fünfzehn Modulen und mit mehreren multimedialen Stationen ermöglicht die Dauerausstellung Einblicke in die Natur, Geschichte, Kultur und Wirtschaft des Tals, während jährliche Sonderausstellungen interessante Themen zusätzlich und umfassend aufbereiten.

BERGSCHÄTZE

Das Lavanttal ist aufgrund seiner tektonischen Entwicklung ein Paradies für Mineraliensucher und -sammler, dies bezeugen auch die neuesten Kristall-Funde der Lavanttaler Sammlerrunde und geben so einen Einblick in die Geheimnisse der Welt der Mineralien. Das Museum im Lavanthaus präsentiert einen eindrucksvollen Querschnitt dieser erfolgreichen Sammlertätigkeit: Besuchen Sie diese glitzernde Welt! Filme und Interviews vermitteln auch viel von der Leidenschaft und dem großen Wissen der Sammler.

Schon die alten Sagen aus dem Lavanttal berichten von Zwergen, die um das Geheimnis des Goldes im Lavanttal wussten... und tatsächlich ist das Tal überreich an Bergschätzen, denen die Menschen der Römerzeit und vor allem des Mittelalters stets auch auf der Spur waren.

Mineralien Kärntens
Autor: Gerhard Niedermayr & Ingeborg Praetzel
Erscheinungsjahr: 1995
Seitenanzahl: 232
ISBN: 978-3-85328-003-X

Aus dem Inhalt: Kärnten ist ein an Mineralien sehr reiches Land; es ist dabei unerheblich, ob es in der Anzahl das eine oder andere Bundesland übertrifft. Viel wesentlicher ist ,dass der variable geologische Aufbau Kärntens, die Vielfalt der Gesteine und die unterschiedlichen mineralbildenden Prozesse uns heute einen faszinierenden Blick in die Erdgeschichte Kärntens und seiner Naturschätze ermöglichen. Über 400 Mineralarten sind bisher literaturbelegt nachgewiesen, und die Tendenz ist weiter steigend. Das vorliegende Buch versucht, die verschiedenen, dem Thema entsprechenden Aspekte in gerafffter Form aufzuzeigen. Ausgehend vom geologischen Bau des Landes werden die in Kärnten maßgeblichen mineralbildenden Prozesse erläutert. Einen Schwerpunkt stellen dabei die Mineralisationen der Alpinen Klüfte der Hohen Tauern und des ostalpinen Altkristallins dar. Den Hauptteil des Werkes bildet die Mineraltopographie Kärntens, untergliedert nach den geographisch wichtigen Regionen. Eine Aufzählung jener Mineralien, die anhand von Kärntner Vorkommen erstmals als neue Mineralien erkannt worden sind, und einige Daten zur mineralogischen Erforschung sollen diese Angaben unterstützen. Der Text wird durch zahlreiche Kristallskizzen und vor allem durch Mineralienfotos ergänzt.

* * *

Blei-Zink-Lagerstätte Bleiberg.
Die Geschichte ihrer Erforschung
Sonderheft Nr. 62 der Carinthia II
Autor: Erich Schroll
Erscheinungsjahr: 2008
Seitenanzahl: 286
ISBN: 978-3-85328-043-9

Aus dem Inhalt: Die Blei-Zink-Lagerstätte Bleiberg hat eine 700jährige Bergbaugeschichte aufzuweisen. Nach einer Erforschungsgeschichte von 250 Jahren ist der Bergbau nunmehr heimgesagt. Die wissenschaftliche Erforschung Bleibergs und der anderen verwandten

Lagerstätten ist allerdings nicht abgeschlossen, sodass unser Wissen über die Genese der Blei-Zink-Lagerstätte noch nicht den Stand ausreichender und gesicherter Erkenntnisse erreicht hat.

Die Böden Kärntens
Autorin: Gerlinde Ortner
Erscheinungsjahr: 2006
Seitenanzahl: 208
ISBN: 978-3-85328-038-2

Aus dem Inhalt: Böden spiegeln das Zusammenspiel von Gestein, Klima, Pflanzendecke etc. wider. Sie sind neben Wasser und Luft Basis allen Lebens. Die Autorin hat im Buch über die Böden Kärntens Untersuchungen zu den landwirtschaftlich genutzten Böden und Waldböden zusammen gefasst und um Kapitel der allgemeinen Bodenkunde ergänzt. Umfassend werden die Verbreitung der Böden, Bodengefährdungen, Bodentypen und vieles mehr dargestellt und mit Fakten hinterlegt. Damit wurde ein Standardwerk für Kärnten geschaffen.

* * *

Geschichte des Hüttenberger Erzberges
Sonderheft Nr. 48 der Carinthia II
Autor: Friedrich Münichsdorfer
Erscheinungsjahr: 1989
Seitenzahl: 320
SW-Reprint aus 1870

Aus dem Inhalt: Nach wie vor stellt diese Publikation aus dem Jahre 1870 von Friedrich Münichsdorfer eine unentbehrliche Fundgrube und ein reiches Quellenwerk zur Geschichte des Kärntner Eisenwesens dar. Gesetzliche Vorschriften, soziale Gegebenheiten betriebswirtschaftliche Daten und die Besitzverhältnisse des Hüttenberger Reviers werden dargelegt. Vielfach sind die hier abgedruckten Belege im Original längst verloren. Der hier präsentierte fotomechanische Nachdruck der Originalausgabe ist erweitert durch ein Vorwort von Paul Roth, einem Abriss zum Leben und Werk von Münichsdorfer, dem Autor des Werkes, sowie Ergänzungen und Registern verschiedener Autoren.